有声伴读

神奇的动物朋友们

我的朋友在哪里

李硕 编著

浙江摄影出版社

全国百佳图书出版单位

这一天，小男孩来到池塘边玩耍。

一只青蛙正在荷叶上欢快地蹦跶。

"青蛙，你来跟我玩，我们做朋友吧！"小男孩说。

"对不起，我该去'青蛙合唱团'训练了。"青蛙说。

它转过身，和朋友们一起唱起了歌。

"呱呱呱……"

一只漂亮的丹顶鹤在池塘边翩翩起舞。它有着长长的嘴、长长的颈、长长的腿。

"丹顶鹤，你来跟我玩，我们做朋友吧！"小男孩说。

"对不起，我该去
'丹顶鹤舞蹈队'集合
了。"丹顶鹤说。
　　丹顶鹤展开翅膀，
一溜烟飞走了。

池塘边的草丛里，有一只正在开屏的孔雀。
"孔雀，我们来做朋友，你跟我玩吧！"小男孩说。
"对不起，我不敢跟陌生人玩。"孔雀说。
孔雀警觉地收起美丽的尾巴，快速逃走了。

不远处，一只浑身雪白的小兔子张开三瓣嘴，露出发达的门牙，津津有味地在吃草。

"小兔子，我们来做朋友，你跟我玩吧！"小男孩说。

"对不起，我还要去其他地方找吃的。"小兔子说。

小兔子竖起耳朵，蹦蹦跳跳地跑开了。

"这里好像没有我的朋友。"小男孩有些失望地说。

他继续往前走，来到了一片树林里。

两只大猩猩正坐在大树下嬉戏。大猩猩是最大的灵长类动物呢！

"大猩猩，你们来跟我玩，我们做朋友吧！"小男孩说。

可是，大猩猩们似乎没有听到小男孩的话，相互挠起了痒痒。

小男孩蹲下身，发现一群小蚂蚁爬了过来。
"小蚂蚁，你们来跟我玩，我们做朋友吧！"小男孩说。
可是，蚂蚁们在忙着搬运食物，没工夫搭理小男孩。

14

花丛中，有几只翩翩起舞的小蜜蜂。

"小蜜蜂，你们来跟我玩，我们做朋友吧！"小男孩说。

可是，小蜜蜂全神贯注
地采蜜，不停地扇动翅膀，
发出"嗡嗡"的声音，接着
飞向了蜂巢。

“哼，都没有朋友跟我玩！”小男孩噘着嘴说。

他走进了一个黑暗的洞穴，发现洞穴上面倒挂着许多小蝙蝠。蝙蝠有回声定位功能，可以在黑暗中自由飞翔。

"小蝙蝠，你们来跟我玩，我们做朋友吧！"小男孩说。

这时，蝙蝠妈妈凶猛地飞了过来，吓得小男孩赶紧逃跑了。

小男孩穿过树林，来到了广阔的大海边。

海洋中，鲸鱼在自由自在地游泳。鲸鱼虽然生活在海里，却不是鱼类，而是哺乳动物。

20

“鲸鱼，你来跟我玩，我们做朋友吧！”小男孩说。
可是，鲸鱼猛地一跃，又游到海里去了。

金色的沙滩上，许多小螃蟹在漫步。它们长着一对特殊的眼睛，名叫柄眼。

22

"小螃蟹，你们来跟我玩，我们做朋友吧！"小男孩说。

可是，小螃蟹扬了扬大大的螯，大摇大摆地走开了。

23

"呜呜，大家好像都不喜欢和我玩！"小男孩忍不住哭泣起来。

他垂着头，又走回到池塘边。

究竟谁会成为小男孩的朋友呢？

"你好呀，你来跟我玩，我们做朋友吧！"一个小女孩向他走来。
"好啊好啊，我终于有朋友了！"小男孩说。
他们的脸上都露出了喜悦的笑容。

责任编辑　瞿昌林
责任校对　高余朵
责任印制　汪立峰

项目策划　北视国
装帧设计　太阳雨工作室

图书在版编目（CIP）数据

我的朋友在哪里 / 李硕编著 . -- 杭州 ：浙江摄影
出版社 ，2022.6
　（神奇的动物朋友们）
　ISBN 978-7-5514-3919-0

　Ⅰ．①我… Ⅱ．①李… Ⅲ．①动物－少儿读物
Ⅳ．① Q95-49

中国版本图书馆 CIP 数据核字 (2022) 第 068970 号

WO DE PENGYOU ZAI NALI

我的朋友在哪里

（神奇的动物朋友们）

李硕　编著

全国百佳图书出版单位
浙江摄影出版社出版发行
　　　地址：杭州市体育场路 347 号
　　　邮编：310006
　　　电话：0571-85151082
　　　网址：www.photo.zjcb.com
制版：北京市大观音堂鑫鑫国际图书音像有限公司
印刷：三河市天润建兴印务有限公司
开本：787mm×1092mm　1/12
印张：2.67
2022 年 6 月第 1 版　　2022 年 6 月第 1 次印刷
ISBN 978-7-5514-3919-0
定价：49.80 元